BEI GRIN MACHT SICH IHR WISSEN BEZAHLT

Frank Huhndorf

Der Nutzen von Kompetenzrastern beim eigenverantwortlichen Lernen an Stationen: Untersucht am Beispiel der ebenen Geometrie in einem 4. Schuljahr

GRIN Verlag

Bibliografische Information der Deutschen Nationalbibliothek:

Die Deutsche Bibliothek verzeichnet diese Publikation in der Deutschen National-
bibliografie; detaillierte bibliografische Daten sind im Internet über http://dnb.d-
nb.de/ abrufbar.

Impressum:

Copyright © 2012 GRIN Verlag, Open Publishing GmbH
Druck und Bindung: Books on Demand GmbH, Norderstedt Germany
ISBN: 978-3-656-19156-8

Dieses Buch bei GRIN:

http://www.grin.com/de/e-book/191460/der-nutzen-von-kompetenzrastern-beim-
eigenverantwortlichen-lernen-an-stationen

GRIN - Your knowledge has value

Der GRIN Verlag publiziert seit 1998 wissenschaftliche Arbeiten von Studenten, Hochschullehrern und anderen Akademikern als eBook und gedrucktes Buch. Die Verlagswebsite www.grin.com ist die ideale Plattform zur Veröffentlichung von Hausarbeiten, Abschlussarbeiten, wissenschaftlichen Aufsätzen, Dissertationen und Fachbüchern.

Besuchen Sie uns im Internet:

http://www.grin.com/

http://www.facebook.com/grincom

http://www.twitter.com/grin_com

Institut für Qualitätsentwicklung an Schulen Schleswig-Holstein

Hausarbeit im Rahmen des Vorbereitungsdienstes
für die Laufbahn als Grund- und Hauptschullehrer

Fach: Mathematik

Thema:
„Der Nutzen von Kompetenzrastern beim eigenverantwortlichen Lernen an Stationen: Untersucht am Beispiel der ebenen Geometrie in einem 4. Schuljahr."

Inhaltsverzeichnis

1. Einleitung

1.1 Problemstellung

Von verschiedenen Personen werden Schüler[1] häufig gefragt: „Was hast du heute in der Schule gelernt?" Von Lehrkräften wird verlangt, dass sie den Kindern Methoden vermitteln, mit denen sie „sich selbst über ihren Lernstand und ihre Fähigkeiten [...] vergewissern" [1, S.39] können und sie sollen bei der Leistungsbewertung die „Dokumentation und die Beurteilung der individuellen Lernentwicklung und des jeweils erreichten Leistungsstandes" [2, S.16] mit einfließen lassen. Diese Anforderungen werden nicht nur durch Lehr- und Rahmenpläne and die Lehrer gestellt, sondern auch von einigen Eltern. Um diesem gerecht zu werden, fällt in pädagogischen Diskussionen als Lösung der Begriff Kompetenzraster [3, 4]. Insbesondere im Zusammenhang mit der Thematik „Leistungsmessung und - bewertung", sowie der Anforderung Strukturen sowohl für Schüler, als auch für Eltern und Lehrer transparenter zu gestalten, ist mir dieser Begriff in den Modulen während meines Vorbereitungsdienstes häufiger begegnet und animierte mich zur Vertiefung der Thematik [3].[2]

Andreas Müller, dessen pädagogische Konzepte auf den Einsatz von Kompetenzrastern aufbauen, beschreibt dies als einen abgesteckten Entwicklungshorizont, auf dem die Schüler ihren individuellen Leistungen nach eingeordnet werden können. Dies ermöglicht der Lehrkraft die Schaffung eines schnellen Überblickes über den Leistungsstand eines jeden einzelnen Schülers [5].

Wird das Kompetenzraster den Schülern zugänglich gemacht, so bietet es ihnen die Möglichkeit, ihre Leistung und Lernentwicklung zu reflektieren und die unterschiedlichen Leitungsniveaus zu erfassen. Genau diese Transparenz ermöglicht es, mehr Struktur in die Formen des offenen Unterrichts zu bringen. Für mich stellt sich nun die Frage, ob sich die Vorteile, die sich bei der Anwendung von Kompetenzrastern im offenen Unterricht für die Lehrkraft ergeben auf Seiten meiner Schüler der vierten Klasse wiederspiegeln?

Ziel dieser Arbeit ist es, den Nutzen eines Kompetenzrasters bei der Implementierung in eine offene Unterrichtsform zu untersuchen.

Die Arbeit ist in drei große Abschnitte gegliedert. Im Ersten erläutere ich die wissenschaftlichen Grundlagen und Definitionen um die Begriffe Kompetenzraster und eigenverantwortliches Arbeiten. Im zweiten Teil wird die methodische Vorgehensweise dargestellt. Im letzten Teil werden die gewonnenen Ergebnisse präsentiert und abschließend diskutiert.

---

[1]   Im Folgenden schließt die männliche Form aus Gründen der besseren Lesbarkeit die weibliche Form mit ein.

[2]   *Bsp. Modul A-GH-MAT 003. 23.11.11*

1

1.2 Zielvorstellungen und Leitfragen

Um das oben dargestellte Ziel dieser Arbeit zu untersuchen und die von mir erwarteten Zielvorstellungen von Kompetenzrastern zu prüfen, hat sich mir folgende Leitfrage gestellt:

Welchen Nutzen hat die Implementierung eines Kompetenzrasters beim eigenverantwortlichen Lernen an Stationen?

Zielvorstellungen:

Der Einsatz des Kompetenzrasters soll:	Kontrolle:
• bei den Schülern Transparenz des Lerngegenstandes schaffen.	Fragebogen
• den Schülern die Lernanforderungen darstellen.	Fragebogen
• einen möglichen Lernhorizont darlegen.	Fragebogen
• den Schülern eine Übersicht des Leistungsstandes ermöglichen.	Fragebogen
• dem Lehrer eine Übersicht über den Leistungsstand bieten.	Ergebnisse der Checks, eigene Beobachtungen
• bei den Schülern Motivation schaffen.	Fragebogen, gezielte Beobachtung eines Schülers inklusive eines abschließenden Interviews

1.3 Bezug zu den Ausbildungsstandards

Meine Entwicklung wird im Rahmen der Hausarbeit und den damit verbundenen Unterrichtseinheiten im Hinblick auf folgende Ausbildungsstandards besonders gefördert:
Planung, Durchführung und Evaluation von Unterricht:
- Die Lehrkraft i.V. fördert die Selbstständigkeit der Lernenden durch eine Vielfalt schüleraktivierender Unterrichtsformen, insbesondere durch Vermittlung von Lern- und Arbeitsstrategien [6, S.15]. (Ausbildungsstandard Nr. 5)
- Die Lehrkraft i.V. berücksichtigt unterschiedliche Voraussetzungen und Kompetenzen der Lernenden. (Ausbildungsstandard Nr. 7)
- Die Lehrkraft i.V evaluiert den eigenen Unterricht systematisch unter Einbeziehung der Lernenden [6, S.16]. (Ausbildungsstandard Nr. 14)
Bildungs- und Erziehungseffekte
- Die Lernenden tragen im Unterricht der Lehrkraft i.V. Verantwortung für den eigenen Lernprozess [6, S.17]. (Ausbildungsstandard Nr. 30)

2

2. Begriffsklärung

2.1 Kompetenzraster

Ein Kompetenzraster ist eine zweidimensionale Matrix, in der definierte Inhalte zugehörigen Leistungsniveaus eines Fachgebietes zugeordnet werden. Dabei werden auf der senkrechten Achse die Inhalte eines Themengebietes abgebildet. Sie beschreibt das „Was". Die waagerechte Achse stellt mittels „Ich kann ..."-Formulierungen die verschiedenen Niveaustufen dar. Die Idee dieses Rasters entstammt dem „Raster zur Selbstbeurteilung" der Europäischen Sprachenportfolios, welches in sechs Niveaustufen unterteilt ist [4].

2.2 Eigenverantwortliches Lernen

Der Begriff des eigenverantwortlichen Lernens wird auch als selbstorganisiertes und selbstbestimmtes Lernen umschrieben. Grundlage dessen ist eine gewisse Freiheit des Lernenden sich mit dem Lernstoff selbstorganisiert auseinandersetzen zu können. Dies ermöglicht es dem Schüler auf die Art und Weise zu lernen, die seinen Fähigkeiten entsprechen [7].

2.3 Stationsarbeit

Das Arbeiten an Stationen ist auf das Circuit-Trainig für den Sportunterricht zurückzuführen. Dabei wurden im Kreis aufgebaute Stationen durchlaufen, um unterschiedliche Muskelgruppen zu trainieren.
Dieses Unterrichtsmodell findet heute auch Anwendung in anderen Fächern. Hier wird ein von der Lehrkraft sorgfältig zusammengestelltes Materialangebot in Stationen aufgebaut, wobei jede Station ein Teilthema der Unterrichtseinheit bildet. Idealerweise sind die Stationen so ausgelegt, dass unterschiedliche Sinne und Lernkanäle angesprochen werden, um die individuellen Lerntypen der Schüler anzusprechen, um so ein vielseitiges Lernen zu ermöglichen. Die Reihenfolge der Berarbeitung der einzelnen Stationen kann, je nach thematischen Aufbau der Stationsarbeit, vorgegeben oder von den Schüler frei wählbar sein [7].

3. Methodische Vorgehensweise

3.1 Ablauf der Untersuchung

Im Bezug auf die Untersuchung des Nutzens eines Kompetenzrasters bei der Implementierung in eine offene Unterrichtsform, hier Stationsarbeit, wurden zwei Vergleiche angestellt und ein Interview geführt.
Der erste Vergleich wurde zwischen zwei unterschiedlichen Schülergruppen derselben

3

Klassenstufe (Klasse 4b, Klasse 4c) angestellt, indem dasselbe Thema mit Hilfe derselben Unterrichtsform und des gleichen Unterrichtsmaterials, jedoch unter der Anleitung unterschiedlicher Lehrkräfte, in der eine Schülergruppe unter Anwendung des Kompetenzrasters (Klasse 4b) und in der anderen Schülergruppe ohne Anwendung des Kompetenzrasters (Klasse 4c) unterrichtet wurde.

Der zweite Vergleich fand innerhalb derselben Schülergruppe (Klasse 4b) unter Anleitung einer Lehrkraft statt. Jedoch wurden nun zwei unterschiedliche Stoffgebiete mit Hilfe derselben Unterrichtsform in einem Fall unter Anwendung des Kompetenzrasters und im anderen ohne Anwendung des Kompetenzrasters unterrichtet. Hierbei wurde die Stationsarbeit, die im Rahmen des ersten Vergleiches unter Anwendung eines Kompetenzrasters durchgeführt wurde, mit einer direkt im Anschluss daran durchgeführten Stationsarbeit zu einem weiteren Stoffgebiet ohne Kompetenzraster verglichen.

Zu jeder Stationsarbeit erhielt jeder Schüler einen Laufzettel zum Bearbeiten der Stationen. Am Ende der jeweiligen Unterrichtseinheit wurde eine Leistungsüberprüfung durchgeführt und anschließend die Schüler mittels eines anonymen Fragebogens zu dem Laufzettel bezüglich der Thematik befragt. Die Fragebögen wurden anschließend von mir in Bezug auf die Fragestellungen ausgewertet.

Zusätzlich habe ich den Schüler Andreas[3] aus der Klasse 4b über den Zeitraum, in dem die Unterrichtseinheit stattgefunden hat, während der Arbeitsphasen gezielt beobachtet und anschließend mit ihm seine Entwicklung besprochen. Am Ende der Unterrichtseinheit habe ich ein zusätzliches kurzes Interview mit ihm durchgeführt, bei dem seine eigenen Empfindungen während der Arbeit mit dem Kompetenzraster im Vordergrund standen.

3.2 Rahmenbedingungen

Die Klasse 4b unterrichte ich eigenverantwortlich seit Februar 2011 mit fünf Unterrichtsstunden wöchentlich im Fach Mathematik. Seit dem Sommer 2011 unterrichte ich die Klasse zusätzlich eine Stunde pro Woche im Fach Sport und halbjährig gebe ich jeweils der Hälfte der Klasse Schwimmunterricht. Die Klasse besteht aus 25 Schülern, davon 8 Mädchen und 17 Jungen.

Die Klasse 4c wird von meiner Mentorin als Klassenlehrerin seit der 1.Klasse im Fach Mathematik und Heimat- und Sachkundeunterricht unterrichtet. Die Klasse besteht aus 27 Schülern, davon 12 Mädchen und 15 Jungen.

Beide Klassen sind keine Integrationsklassen. Lediglich ein Schüler in der Klasse 4c besitzt den Förderschwerpunkt „Hören". Die beiden Klassen haben ähnliches Leistungsvermögen, jedoch unterscheiden sie sich sowohl in der Geschlechterverteilung mit einem höheren Mädchenanteil in der Klasse 4c, als auch in ihrem sozialen Gefüge. In der Klasse 4b sind die sozialen Kompetenzen im Vergleich zu anderen Klassen nicht so stark ausgebildet. Dies wirkt sich manchmal mehr und manchmal weniger spürbar negativ auf den Klassenzusammenhalt und das soziale Gefüge der Klasse aus. Zusätzlich sind zu Beginn des Schuljahres zwei neue Schüler zur Klasse hinzugekommen, deren Integration, nicht zuletzt auf Grund der Zusammensetzung, noch nicht vollständig gelungen ist.

---

[3] Der Name wurde von mir geändert.

Der Klassenzusammenhalt in der Klasse 4c ist gut ausgeprägt und das soziale Gefüge relativ ausgeglichen. Die Unterrichtseinheit, die in beiden Klassen der Klassenstufe 4 in derselben Form unterrichtet wurde, fand zeitlich annähernd parallel statt. Beide Klassen sind mit der Unterrichtsmethode Stationsarbeit vertraut.

Der Schüler Andreas:
Andreas hat Schwierigkeiten, Kontakt zu anderen Schülern aufzunehmen und es fällt ihm schwer, sich von regelwidrigem Verhalten abzugrenzen und zu distanzieren. Dem Unterrichtsgeschehen folgt er mit wechselnder Aufmerksamkeit. Bei der Beteiligung am Unterrichtsgespräch zeigt er nur wenig Eigeninitiative und seine Motivation zum Lernen ist gering. Aussagen wie „Das kann ich eh `nich." oder „Kein Bock." begleiten seinen Schulalltag. Bei der Bearbeitung schriftlicher Aufgaben benötigt er häufig Unterstützung durch Lehrkräfte oder Mitschüler. Sein Verhalten in der Schule ist gekennzeichnet durch Demotivation, Zurückhaltung und geringe Arbeitsbereitschaft.

3.3 Bezug zum Lehrplan und den mathematischen Kompetenzen

Für die Untersuchung wurde das Stoffgebiet der Geometrie gewählt. In der Stationsarbeit, die in beiden Klassen durchgeführt wurde, wurden folgende Punkte des Lehrplans behandelt:

Themenfeld: Geometrie
- *Die Beziehung von Geraden „ist senkrecht zu" und „ist parallel zu" kennen und durch Beispiele aus der Umwelt belegen.*
- *Den Begriff rechter Winkel verstehen, rechte Winkel zeigen.*
- *Mit dem Geodreieck parallele und senkrechte Geraden (rechte Winkel) zeichnen.* [2, S.87]

In der Stationsarbeit, die in der Klasse 4b zum Vergleich zusätzlich zur oben genannten Stationsarbeit durchgeführt wurde, wurde die Thematik der Achsensymmetrie behandelt. Hierzu macht der Lehrplan keine konkreten Vorgaben, jedoch sind folgende Punkte dieser Thematik in den Bildungsstandards für das Fach Mathematik festgehalten:

Bereich: Raum und Form
- *Geometrische Zeichnungen mit Hilfsmitteln [dem Geodreieck], sowie Freihandzeichnungen anfertigen,*
- *Eigenschaften der Achsensymmetrie erkennen, beschreiben und nutzen,*
- *symmetrische Muster fortsetzen und selbst entwickeln.* [8, S. 10]

Neben dem dargelegten inhaltlichen Bezug zum Lehrplan besteht ebenfalls ein methodischer Bezug, der im folgenden Auszug aus dem Lehrplan deutlich wird.

„Es ist wichtig, das Bewußtsein und die Verantwortung der Schülerinnen und Schüler für das eigene Lernen zu fördern. Deshalb wird die Vermittlung mathematischer

Inhalte über fachsystematische Lehrgänge zugunsten größerer Anteile selbstverantworteten, niveaudiffrenzierten Lernens aufgegeben. Offenere Unterrichtsformen wie Wochenplanunterricht, Stationslernen, Vorhaben und kleine Projekte erhalten hier ihre Begründung." [2, S.80]

3.4 Didaktisch-methodische Überlegungen zur Unterrichtseinheit.

3.4.1 Überlegungen zum Einsatz von Kompetenzrastern

Durch den oben beschriebenen zweidimensionalen Aufbau des Kompetenzrasters wird eine übersichtliche Struktur des Lerninhaltes geschaffen. Dies bietet den Schülern eine Orientierungshilfe für das zu bearbeitende Themengebiet. Weiterhin rekapituliert die Lehrkraft beim Erstellen eines detaillierten Kompetenzrasters, ob die von ihr vorgegeben Teilthemen und Kompetenzen den Vorgaben des Lehrplans bzw. der Bildungsstandards entsprechen. Damit stellt das Kompetenzraster ein Medium dar, um Unterricht für alle Beteiligten transparenter zu gestalten. Die Schüler können sich selbstständig oder mit Hilfe der Lehrkraft ihrem individuellen Leistungsstand zuordnen. So können sie ablesen, welche Kompetenzen sie bereits erreicht haben und welche sie noch erreichen sollten bzw. können. „Können" vor dem Hintergrund gesehen, dass Kompetenzraster auch Kompetenzen beinhalten können, die über die Anforderungen des vorgegebenen Lehrplans hinausgehen.

Allein dieses schlichte Ablesen impliziert für die Schüler eine Selbstreflexion des eigenen Könnens und ermöglicht dem Lehrer eine schnelle Orientierung über den Leistungsstand jedes einzelnen Schülers.

Zusätzlich zu der so geschaffenen Transparenz wird dem Schüler durch die wiederholte Lernstandsmessung sein selbst geschaffener Lernzuwachs verdeutlicht. Diese Tatsache ist eine Voraussetzung für das Modell des selbstwirksamen Lernens, welches sich vom Konzept der "Selbstwirksamkeit" nach Bandura ableitet. Hierbei muss dem Schüler die Möglichkeit gegeben werden, sein eigenes Gelingen bewusst zu erleben. Hierdurch gewinnt das Lernen eine individuelle Bedeutung und Sinnhaftigkeit [4].

Durch die „Ich kann"- Formulierungen bei der Einteilung in die einzelnen Leistungsniveaus rückt der Leistungszuwachs in den Vordergrund und demotivierende Leistungsdefizite in den Hintergrund.

Der aufgezeigte vielfältige Nutzen des Kompetenzrasters hat mich zur Integration in meinen Unterricht bewegt.

Bei der Erstellung meines Kompetenzrasters habe ich mich an den Vorgaben des Lehrplans für Mathematik, an den Bildungsstandards und anderen Kompetenzrastern orientiert [9, 10, 11]. Bei der Einteilung der Leistungsniveaus auf der waagerechten Achse beziehe ich mich auf die drei Repräsentationsebenen nach Bruner [12]. Mein Ziel war es, der offenen Unterrichtsform der Stationsarbeit durch Implementierung eines Kompetenzrasters Transparenz und Struktur zu verleihen und so den Schülern eine Orientierungshilfe zu geben, um sie im eigenverantwortlichen Arbeiten an den Stationen zu unterstützen. Weiterhin wollte ich den Schülern aufzeigen, dass ihr Handeln im Sinne des Bearbeitens von Aufgaben Wirkung hat, um so die Selbstwirksamkeit zu fördern. Vor diesen Hintergründen und auf Grund des eng abgesteckten behandelten Themengebietes für diese Unterrichtseinheit sind die Felder des von mir entworfenen Kompetenzrasters im Vergleich zum klassischen

Kompetenzraster stark präzisiert. Die in der Literatur beschriebenen Kompetenzraster bilden meist weitreichendere Themenfelder ab und die Unterkompetenzen der einzelnen Kompetenzen werden erst in sogenannten „Checklisten" definiert [3, 4]. Weiterhin wird beschrieben, dass das Erreichen einer Kompetenz mit Klebepunkten im entsprechenden Feld angezeigt wird. Dieses Verfahren habe ich nicht gewählt, da das Kompetenzraster in den Laufzettel für die einzelnen Stationen integriert wurde. Hierbei wurden die einzelnen Aufgaben den Feldern des Rasters zugeordnet und die Schüler setzten nach Bearbeiten der Aufgaben ein Häkchen in das dafür vorgesehene Feld (siehe Anhang I). Da dies jedoch noch nicht voraussetzt, dass sie die entsprechende Kompetenz auch erlangt haben, konnten sie ihr Wissen in einem kleinen „Check" überprüfen, um bei Nichtbestehen mittels zusätzlicher Wahlaufgaben weiter an den einzelnen Kompetenzen zu arbeiten. Ich habe den Schülern die Möglichkeit gegeben, ihr Können dann erneut in einem anderen „Check" zu überprüfen. Dies bietet besonders den schwächeren Schülern eine weitere und andere Möglichkeit, die Kompetenz zu erlangen. Zusätzlich bietet mir die Kontrolle der „Checks" einen guten Leistungsüberblick des jeweiligen Schülers.

Um eine Differenzierung des Unterrichts nach oben zu schaffen, habe ich in den Laufzettel Kompetenzen eingefügt, die über die Anforderungen für die nachstehende Leistungsüberprüfung, sowie über die des Lehrplans hinausgehen. Diese wurden nicht durch Pflichtaufgaben, sondern durch Wahlaufgabe repräsentiert (siehe Anhahng I Inhalt: „rechter Winkel, senkrechte Linien", Kompetenzstufe III). Dies ermöglicht die nötige Differenzierung, die verlangt wird, um auf die Individualität der einzelnen Schüler eingehen zu können.

Meine Wahl fiel deshalb auf die Kombination des Kompetenzrasters mit dem Laufzettel, weil die Schüler mit dem Ausfüllen von Kompetenzrastern nicht vertraut waren und ich ausschließen wollte, dass ein zusätzliches Ausfüllen eines Kompetenzrasters die Schüler durcheinander bringt.

3.4.2 Überlegungen zum methodischen Vorgehen der Stationsarbeit zum Thema Geometrie.

Das eigenverantwortliche Lernen ist eine Möglichkeit Schülern einen Rahmen zu bieten, in dem sie selbstständig lernen. Denn „Stoff" kann man nicht vermitteln, man kann ihn den Schülern nur näher bringen. Lernen muss ihn jeder für sich selbst und zwar auf seine eigene Art und Weise. Diese Tatsache ergibt sich aus den neurophysiologischen Grundlagen unseres zentralen Nervensystems [13].

Die Unterrichtsform der Stationsarbeit bietet nicht nur einen Rahmen für unterschiedliche Lern- und Arbeitsweisen, sondern berücksichtigt durch das Einbauen von Wahl- und Zusatzaufgaben auch ein individuelles Arbeitstempo. Innerhalb dieses Rahmens ist es möglich, dass alle Schüler auf ihren eigenen Wegen gleichzeitig dasselbe Thema erarbeiten. So wird man nicht nur der Individualität der Schüler, sondern auch dem Lehrplan gerecht, in dem gefordert wird, dass die Lehrkraft Schüler zur Selbstständigkeit erzieht.[4]

All dies verdeutlicht die Beweggründe, die mich zur Wahl dieser Unterrichtsform geführt haben. Jedoch bietet sich nicht jedes Stoffgebiet zur Arbeit an Stationen an. Ich habe bewusst die Unterrichtseinheit der Geometrie gewählt. Sie liefert verschiedene Aspekte der Bearbeitung eines Themengebietes. Diese reichen vom

---

[4] (siehe Zitat, Kapitel 3.3)

Falten und Erkunden über Zeichnen bis hin zu symbolischen Beschreibungen. Hier bietet es sich an, die verschiedenen Aspekte in Stationen aufzuteilen. Eine derart praktische und plastische Erschließung dieses Themengebietes fördert das geometrische Denken. Dadurch werden für die Schüler die notwendigen Grundlagen für die Erschließung der vorwiegend räumlichen Umwelt geschaffen. Außerdem wird die kognitive Entwicklung unterstützt [14].

3.5 Organisationsstruktur der Unterrichteinheiten

Die Stationsarbeit mit dem Thema der parallelen und senkrechten Linien, dem rechten Winkel und dem Umgang mit dem Geodreieck wurde für neun Unterrichtsstunden ausgelegt. Diese in den Klassen der 4b und 4c durchgeführte Stationsarbeit wurde ähnlich abgehalten. In den jeweils ersten Unterrichtsstunden wurden die Laufzettel und die Orte der Stationen vorgestellt.

In meiner Klasse, der 4b, habe ich lediglich darauf hingewiesen, dass der Laufzettel eine Besonderheit hat, bin jedoch nicht näher auf die Bedeutung des Kompetenzrasters eingegangen. Ich wollte bewusst zunächst die Reaktionen der Schüler abwarten, um festzustellen, ob sie von sich aus ein Schema erkennen. In den folgenden Stunden ergaben sich diesbezüglich Nachfragen und das Schema des Kompetenzrasters wurde von mir näher erläutert.

Die Unterrichtsstunden waren in drei Phasen gegliedert. Es gab eine Anfangsphase, in der häufig auf spielerische Art und Weise das Kopfrechnen trainiert wurde. Anschließend folgte die Arbeitsphase an den Stationen. Am Ende der Stunde stand die Stundenreflexion.

Die zweite Stationsarbeit mit dem Thema „Symmetrie", die zum weiteren Vergleich im Anschluss in der Klasse 4b durchgeführt wurde, habe ich für fünf Unterrichtsstunden ausgelegt. Für eine bessere Vergleichbarkeit wurde die Organisationsstruktur beibehalten.

3.6 Exemplarische Darstellung einer Unterrichtsstunde

Zeit	Phasen	Unterrichtsinhalte
8:50 Uhr - 9:00 Uhr	Begrüßung/ Spiel	Begrüßung Der Stundenverlauf wird von der LiV an der Tafel dargestellt. Es wird Zahlenklatschen mit dem kleinen und großen 1x1 gespielt. Jeder Schüler ist ein Mal an der Reihe.
9:00 Uhr - 9:25 Uhr	Aneignung	Die LiV lässt die Regeln für das Arbeitsverhalten wiederholen. Die Schüler arbeiten an den Stationen. Die LiV beendet durch ein Signal die Arbeitsphase.
9:25 Uhr - 9:35 Uhr	Reflexion	Die Schüler äußern sich freiwillig zu den Punkten: • Ich habe in dieser Stunde ... gelernt. • Ich hatte in dieser Stunde Schwierigkeiten ... . • Ich nehme mir vor, ... zu üben.

3.7 Der „heimliche Helfer" – eine Methode zur Förderung des Sozialverhaltens

Um die in den Rahmenbedingungen beschriebenen Defizite im Sozialverhalten zu dezimieren und die Schüler gezielt in der freien und eigenverantwortlichen Lernphase zu unterstützen, habe ich eine Methode, die sich aus einem Gespräch mit anderen LiVs ergab, angewendet. Der „heimliche Helfer" ist ein Helfersystem, bei dem jeder Schüler einem Mitschüler, dessen Namen er durch Losverfahren selbst gezogen hat, im Zeitraum von einer Woche helfen soll. Die Herausforderung für die Schüler bestand darin, dass der Schüler, dem geholfen wurde, nicht heraus finden sollte, wer sein „heimlicher Helfer" war. Dadurch, dass jedem Schüler ein Mitschüler zugeordnet wurde, steigt das Pflichtbewusstsein, dem Anderen zu helfen. Dieses methodische Vorgehen unterstützt die Entwicklung eines sozialen Engagements.
Diese Maßnahme steht in keinem Zusammenhang zum Kompetenzraster. Sie war Teil der Unterrichtseinheit, beeinflusst jedoch nicht die Auswertung der Untersuchung.

4. Darstellung, Evaluation und Analyse der Ergebnisse

4.1 Vorüberlegungen zur Evaluation

4.1.1 Der Laufzettel

Da der Unterricht in den Klassen 4b und 4c zum besseren Vergleich so analog wie möglich gestaltet werden sollte, wurde die Struktur des Laufzettels beibehalten. Um jedoch das System des Kompetenzrasters in der Klasse 4c außer Acht zu lassen, wurden in diesem Laufzettel die „Ich kann" – Formulierungen entfernt, sowie die Spalte für den Check ausgelassen. (siehe Anhang II)
Im zweiten Vergleich war den Schülern der Klasse 4b das Schema eines Kompetenzrasters bereits bekannt. Um nun zu verhindern, dass die Schüler im Rahmen der zweiten Stationsarbeit unerwünscht das System eines Rasters in den Laufzettel interpretieren, wurde die Struktur dieses Laufzettels stark verändert. (siehe Anhang III)

4.1.2 Schülerbeobachtung und Interview

Meine Wahl für die gezielte Beobachtung und das Interview fiel auf Andreas auf Grund seines Verhaltens im Unterricht und seiner Einstellung dem Lernen gegenüber. Nach den Beschreibungen von Thomas A. Harris, einem Psychiater und Mitbegründer der Transaktionsanalyse, würde ich Andreas in die festgefahrene Grundeinstellung des „Ich bin nicht o.k. - du bist o.k." einordnen. In dieser Grundeinstellung ist man der Auffassung, dass man selbst alles falsch macht, während alle anderen es richtig machen. Um dieser Zwickmühle zu entkommen, weist Harris darauf hin, dass den Menschen verdeutlicht werden muss, dass sie durch ihr Handeln in kleinen Schritten Erfolge verzeichnen bzw. Ziele erreichen können, die einen positiven Charakter besitzen [15]. In diesem Ansatz finden sich Parallelen zum selbstwirksamen Lernen. So ist Andreas mit seiner persönlichen Einstellung meiner Meinung nach besonders gut geeignet, um zu prüfen, ob das Kompetenzraster die Selbstwirksamkeit unterstützt und dem Schüler eigene Erfolge deutlich macht.

Ich habe bewusst die Form der mündlichen Befragung gewählt, um die oben erwähnte geringe Arbeitsbereitschaft des Schülers vor allem bei schriftlichen Aufgaben zu umgehen. Zusätzlich bekomme ich bei einem persönlichen Gespräch über Mimik und Gestik des Schülers einen besseren Eindruck über die individuellen Empfindungen des Schülers, die bei diesem Gespräch schließlich im Vordergrund stehen sollten. Bei der Frage nach persönlichen Empfindungen beabsichtigte ich, dass Andreas beschreibt, wie er sich selbst nach Lösen einer Aufgabe und der anschließenden Kontrolle gefühlt hat, um die in der Literatur beschriebene Selbstwirksamkeit zu explorieren.

Da das Gespräch in einer Pause zwischen zwei Unterrichtsstunden stattfinden sollte, habe ich mich auf wenige Fragen beschränkt und bei der Formulierung der Fragen darauf geachtet, diese nicht suggestiv zu stellen, um die Antwort des Schülers nicht in Richtung meiner Erwartungen zu lenken.

4.2 Verfahren der Evaluation

4.2.1 Der Fragebogen

Wie bereits oben erwähnt, füllten die Schüler im Anschluss an die Unterrichtseinheit einen Fragebogen zum Laufzettel respektive Kompetenzraster aus.

Die Gestaltung dieses Fragebogens bot die Schwierigkeit, dass dieser sowohl auf den Laufzettel zugeschnitten sein musste, der das Kompetenzraster beinhaltete, als auch auf den Laufzettel ohne Kompetenzraster. So konnte nicht gezielt auf die „Ich kann" – Formulierungen eingegangen werden. Weiterhin musste der Fragebogen dem Bildungsstand des Adressaten entsprechen. Dies setzt bei Schülern der vierten Klasse kurze und einfache Formulierungen voraus und begrenzt die Komplexität der Fragestellungen. Weiterhin strebte ich eine vollständige Beantwortung des Fragebogens an und legte so zusätzlich mein Augenmerk darauf, den Fragebogen nicht zu lang zu gestalten, da dies häufig die Motivation der Schüler bremst. Aus diesem Grund habe ich mich dazu entschlossen, mich auf ein Themengebiet bezüglich des Nutzens von Kompetenzrastern festzulegen und entschloss mich in diesem Rahmen den Schwerpunkt bei der Transparenz zu setzen, da dieser ein wichtiger Bestandteil guten Unterrichts ist und mein Interesse besonders diesem Schwerpunkt gilt [16].

Der Fragebogen umfasst sieben Items und Platz für individuelle Kommentare. Die Antwortskala beschränkt sich auf die zwei Antwortmöglichkeiten „Ja" und „Nein". Hierdurch wird zwar eine Entscheidung für eines der beiden Extreme erzwungen (forced choice), jedoch ermöglicht dies, vor allem in Bezug auf die geringe Probandenanzahl, die Ermittlung eines klareren Ergebnisses. Die Befragung erfolgte anonym. Die Anonymität schließt eine Beantwortung der Fragen nach sozialer Erwünschtheit aus [17].

Im Folgenden gehe ich auf die einzelnen Items ein und erläutere ihre Bedeutung. Die Reihenfolge entspricht der des Fragebogens.

Item 1: *Der Laufzettel hat mich gut auf den geometrischen Teil der Arbeit vorbereitet.*

Mit dieser Frage prüfe ich, ob der Laufzettel eine Unterstützung für die an die

Unterrichtseinheit angeschlossene Leistungsüberprüfung darstellt.

Item 2: *Durch den Laufzettel war mir klar, was ich lernen sollte.*
Mit dieser Frage überprüfe ich, ob der Lerngegenstand durch den Laufzettel transparent dargestellt wurde.

Item 3: *Durch die Stationen war mir klar, was ich lernen sollte.*
Hier frage ich zum einen ab, ob die Stationen klar gestaltet waren, und zum anderen ob die Transparenz bezüglich des Lerngegenstandes vorhanden war, um eventuell eine Differenzierung zu Item 2 zu schaffen, ob der Laufzettel oder der Aufbau der Stationen mehr oder weniger für Transparenz gesorgt hat.

Item 4: *Durch den Laufzettel wusste ich, was ich für den geometrischen Teil der Arbeit können musste.*
Mit Hilfe dieses Items überprüfe ich, ob sich die Transparenz für die Schüler auch auf die Lernanforderung auswirkt.

Item 5: *Durch den Laufzettel wusste ich, was ich lernen kann.*
Hier wird überprüft, ob für die Schüler ein Lernhorizont geschaffen wurde, an dem sie sich orientieren konnten.

Item 6: *Durch den Laufzettel war mir klar, was ich schon kann.*
Durch diese Frage überprüfe ich, ob es den Schülern möglich war, ihren eigenen Lernstand abzulesen.

Item 7: *Durch den Laufzettel wusste ich, was ich noch lernen will.*
Dies ist die einzige Frage, die auf die Motivation der Schüler eingeht und sich auf das oben beschriebene Konzept des selbstwirksamen Lernens bezieht.
(siehe Anhang IV)

4.2.2 Auswertung des Fragebogens

Die Fragebögen der beiden Klassen zur ersten durchgeführten Stationsarbeit wurden getrennt ausgewertet und die Ergebnisse miteinander verglichen. Ebenso wurde mit den beiden Fragebögen verfahren, die in der Klasse 4b zu den beiden verschiedenen, hintereinander durchgeführten Stationsarbeiten ausgefüllt wurden. Die Auswertung erfolgte mittels Microsoft Excel 2004. Hierbei wurde die Anzahl der „Ja-Stimmen" zu der Gesamtanzahl der Untersuchungsgruppe ins Verhältnis gesetzt und prozentual dargestellt.
Beim Ausfüllen der Fragebögen setzten wenige Schüler das Kreuz genau zwischen die beiden Antwortmöglichkeiten. Diese wurden von der Auswertung ausgeschlossen.

4.3 Darstellung der Ergebnisse

Im folgenden Kapitel werden zunächst die Ergebnisse der Umfragen präsentiert. Es folgt ein hervorzuhebender Kommentar eines Schülers von einem Fragebogen, sowie die Beobachtung und das Interview des ausgewählten Schülers.

4.3.1 Der erste Vergleich - zwischen den Klassen 4b und 4c

Der Vergleich zwischen den beiden Klassen 4b und 4c, weist eine klare Tendenz dahingehend auf, dass die Schüler mit Kompetenzraster die Aussagen des Fragebogens häufiger mit „Ja" beantworteten.

11

Lediglich bei Item 5 *(Durch den Laufzettel wusste ich, was ich lernen kann.)* ist das Verhältnis mit ca. 81 % und 80,8 % annähernd ausgeglichen.

Bei Item 1 *(Der Laufzettel hat mich gut auf den geometrischen Teil der Arbeit vorbereitet.)* und Item 3 *(Durch die Stationen war mir klar, was ich lernen sollte.)* zeigt sich ein vernachlässigbar geringer Unterschied zwischen den beiden Klassen. (Item 1 85 % und 80,8 % Item 3 76,2 % und 73,2%).

Deutlicher wird der Unterschied bei Item 4 *(Durch den Laufzettel wusste ich, was ich für den geometrischen Teil der Arbeit können musste.)* und Item 6 *(Durch den Laufzettel war mir klar, was ich schon kann.)*. (Item 4 71,4 % und 57,7 %; Item 6 80 % und 65,4 %)

Eindeutige Unterschiede finden sich bei Item 2 *(Durch den Laufzettel war mir klar, was ich lernen sollte.)* und Item 7 *(Durch den Laufzettel wusste ich, was ich noch lernen will.)*. (Item 2 80 % und 41,4 % Item 7 90 % und 50 %)

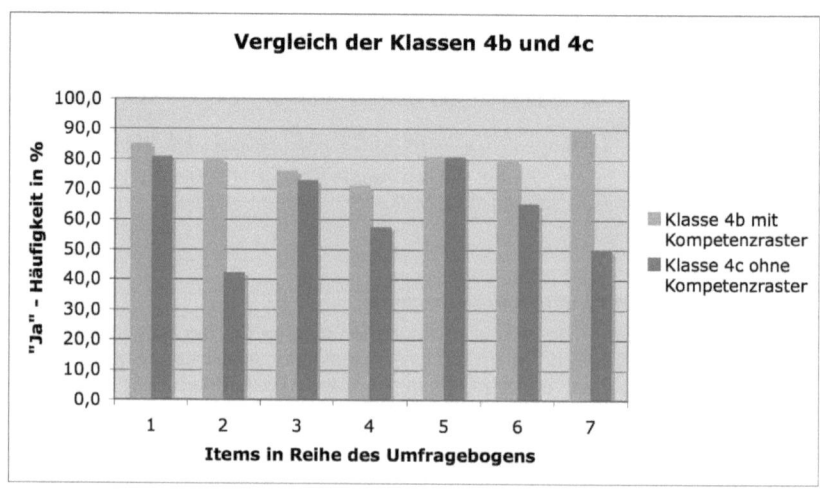

Abbildung 1

4.3.2 Der zweite Vergleich - innerhalb der Klasse 4b

Hier zeichnet sich ebenfalls eine Tendenz ab. Bei Item 2 *(Durch den Laufzettel war mir klar, was ich lernen sollte.)*, Item 3 *(Durch die Stationen war mir klar, was ich lernen sollte.)*, Item 5 *(Durch den Laufzettel wusste ich, was ich lernen kann.)*, Item 6 *(Durch den Laufzettel war mir klar, was ich schon kann.)* und Item 7 *(Durch den Laufzettel wusste ich, was ich noch lernen will.)* wurden die Aussagen des Fragebogens zur Stationsarbeit ohne Kompetenzraster seltener mit „Ja" beantwortet. Item 1 *(Der Laufzettel hat mich gut auf den geometrischen Teil der Arbeit vorbereitet.)* und Item 4 *(Durch den Laufzettel wusste ich, was ich für den geometrischen Teil der Arbeit können musste.)* zeigen ein umgekehrtes Verhalten, wobei Item 1 ein annähernd ausgeglichenes Verhältnis aufweist.

„Ja" – Häufigkeiten in %

Item	1	2	3	4	5	6	7
Klasse 4b mit Kompetenzraster	85,0 %	80,0 %	76,2 %	71,4 %	81,0 %	80,0 %	90,0 %
Klasse 4b ohne Kompetenzraster	86,4 %	59,1 %	63,6 %	77,3 %	68,2 %	59,1 %	72,7 %

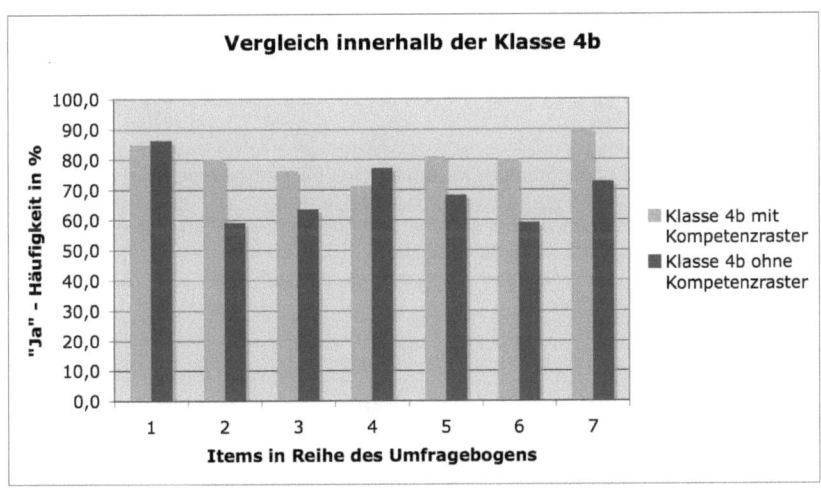

Abbildung 2

4.3.3 Schülerkommentar vom Fragebogen

Es folgt ein Schülerkommentar vom Fragebogen.

Was mir sonst noch einfällt zu dem Laufzettel:

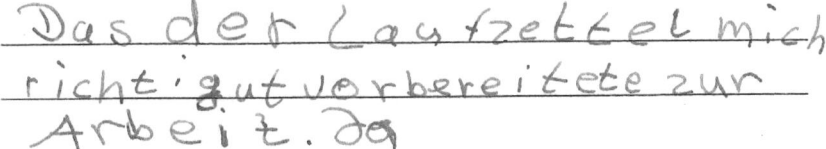

Das der Laufzettel mich richtig gut vorbereitete zur Arbeit. Ja

4.3.4 Die Beobachtung

Zusammenfassend fiel es Andreas im Unterricht sichtlich schwer, sich ausdauernd mit den Stationsaufgaben zu beschäftigen. Er benötigte wiederholt Aufforderungen, um Aufgaben anzufangen und zu beenden. Auf eine Verdeutlichung der bereits

13

geschafften Arbeit reagierte er mit einem Lächeln und setzte die Arbeit fort. In den darauf folgenden Stunden konnte man Andreas motivieren, indem man ihm aufzeigte, welche Ziele er durch sein Handeln erreichen kann. Trotzdem ließ er sich oft ablenken und es erforderte häufigen Zuspruch und motivierende Worte, ihn zur Arbeit zurückzuführen.

4.3.5 Das Interview

Frage: „Welcher der beiden Laufzettel hat dir besser gefallen?"

Antwort: „Der." *(Andreas zeigte auf den Laufzettel aus der ersten Stationsarbeit mit Kompetenzraster.)*

Frage: „Warum hat dir dieser besser gefallen?"

Antwort: „Ich fand die *„Ich kann Sätze"* gut."

Frage: „Wie hast du dich gefühlt, wenn du auf dem Laufzettel ein Häkchen machen konntest?"

Antwort: „Toll!"

Frage: „Kannst du beschreiben, warum du dich toll gefühlt hast?"

Antwort: „Weil ich sehen konnte, was ich schon kann."

Frage: „Wenn ich noch einmal so eine Stationsarbeit machen würde, was für einen Laufzettel würdest du dir wünschen?"

Antwort: „So einen." *(Andreas zeigte wieder auf den Laufzettel mit dem Kompetenzraster.)*

4.4 Interpretation der Ergebnisse

In diesem Kapitel der Arbeit wird zunächst auf die beiden Vergleiche gesondert eingegangen, anschließend auf den Kommentar eines Schülers im Freitext-Teil des Fragebogens, sowie auf die Beobachtung und das Interview mit Andreas. Am Ende des Kapitels erfolgt eine zusammenfassende Interpretation der Ergebnisse.

4.4.1 Interpretation der Ergebnisse des ersten Vergleichs

Insgesamt zeigt sich, dass die Items des Fragebogens von der Klasse mit Kompetenzraster häufiger mit „Ja" beantwortet wurden. Um die Bedeutung der Ergebnisse zu erörtern, ist es erforderlich die Items einzeln, zu betrachten.

Item 1: *Der Laufzettel hat mich gut auf den geometrischen Teil der Arbeit vorbereitet.*
Hier hat sich nur ein geringer Unterschied zwischen beiden Gruppen gezeigt. Daraus ist zu schließen, dass ein Kompetenzraster nicht auf eine Leistungskontrolle vorbereiten kann, sondern hier das Hauptaugenmerk auf einen gut ausgearbeiteten Laufzettel gelegt werden sollte. Ein Kompetenzraster hat nicht die Aufgabe Schüler auf etwas vorzubereiten, sondern es soll ihnen vielmehr verdeutlichen, dass die Arbeit, die in die Vorbereitung auf eine Leistungsüberprüfung gesteckt werden sollte, von ihnen selbst geleistet werden muss (vgl. Kapitel 3.4.2).

Item 2: *Durch den Laufzettel war mir klar, was ich lernen sollte.*
Der hier sichtbare große Unterschied zeigt, dass Schülern ohne Kompetenzraster deutlich seltener klar war, was Lerngegenstand der Unterrichtseinheit ist. Dies spricht ganz klar dafür, dass ein Kompetenzraster

14

bezüglich des Lerngegenstandes eindeutig mehr Transparenz schafft.

Item 3: *Durch die Stationen war mir klar, was ich lernen sollte.*

Der hier geringe Unterschied macht deutlich, dass die Stationen klar und zielgerichtet verstanden wurden und dieses Verständnis nur unwesentlich von der Anwendung eines Kompetenzrasters beeinflusst wurde. Verglichen mit der ähnlich formulierten Frage aus Item 2, lässt sich also feststellen, dass das Kompetenzraster die Transparenz des Laufzettels den Lerngegenstand betreffend positiv beeinflusst, während die Transparenz der Stationen bezüglich des Lerngegenstandes vom Aufbau der Stationen selbst abhängig ist.

Item 4: *Durch den Laufzettel wusste ich, was ich für den geometrischen Teil der Arbeit können musste.*

In diesem Item zeigt sich eine positive Tendenz der Transparenz betreffend, die Kompetenzraster in Bezug auf die Lernanforderungen schaffen. Ich vermute, dass dieses Ergebnis darauf zurückzuführen ist, dass die Darstellungen der Leistungsanforderungen in Leistungsniveaus, deren Erreichen sich die Schüler mittels des Kompetenzrasters selbst bewusst machen können, eine Sicherheit gibt, was die Anforderungen der anstehenden Leistungsüberprüfungen anbetrifft. Eine derartige Darstellung der Anforderungen macht den Schülern den Leistungsrahmen transparent.

Item 5: *Durch den Laufzettel wusste ich, was ich lernen kann.*

Das hier festgestellte gleiche Ergebnis lässt sich eventuell darauf zurückführen, dass den Schülern ohne Kompetenzraster kein ausformulierter Lernhorizont (Ich kann ...) an die Hand gegeben wurde und sie damit nicht die Möglichkeit haben, zu differenzieren zwischen „Ich kann Etwas lernen, wenn ich die Aufgabe löse." und dem „**Was** kann ich lernen, wenn ich die Aufgabe löse." Für Schüler der vierten Klasse sind diese beiden Dinge wahrscheinlich ein und dasselbe, wenn man sie nicht direkt darauf hinweist und ihnen diesen Unterschied erörtert.

Item 6: *Durch den Laufzettel war mir klar, was ich schon kann.*

Das aus dem Diagramm ablesbare Ergebnis bestätigt, dass Kompetenzraster Schülern erleichtern, ihren eigenen Lernstand zu bemessen. Vermutlich könnte der Unterschied zwischen beiden Gruppen größer ausfallen, wenn den Schülern die unter Item 5 erörterten Aspekte bewusst wären.

Item 7: *Durch den Laufzettel wusste ich, was ich noch lernen will.*

Das hier erhaltene Ergebnis hat für mich die größte Bedeutung. Dies nicht zuletzt auf Grund des großen Unterschieds zwischen den beiden Gruppen, denn hier wird ein für Lehrkräfte sehr bedeutender Aspekt erfragt – Motivation. Eine mögliche Erklärung dieses Ergebnisses findet sich in dem bereits mehrmals erwähnten Konzept des selbstwirksamen Lernens. Außerdem könnte ein Überblick über den Lernhorizont anspornen, immer höhere Ziele zu erreichen.

4.4.2 Interpretation der Ergebnisse des zweiten Vergleichs

Insgesamt zeigt sich auch hier, dass die Items des Fragebogens zum Laufzettel mit Kompetenzraster häufiger mit „Ja" beantwortet wurden. Für Item 1, Item 2, Item 3 und Item 6 zeigt sich ein annähernd gleiches Ergebnis wie für selbige Items des ersten Vergleichs. Da diese ebenso zu interpretieren sind, wird hier auf die obigen

Interpretationen verwiesen (siehe Kapitel 4.4.1).

Item 4: *Durch den Laufzettel wusste ich, was ich für den geometrischen Teil der Arbeit können musste.*
Dieses Ergebnis lässt Einen zunächst stutzig werden, ist jedoch vermutlich auf die Unterrichtsplanung zurückzuführen. Die zweite Unterrichtseinheit war kürzer und der Lerngegenstand damit kleiner und somit für die Schüler leichter zu überschauen. Zusätzlich war die an die zweite Unterrichtseinheit angeschlossene Leistungsüberprüfung nur ein „kleiner Test" ausschließlich zu dieser Thematik, während die Leistungsüberprüfung zur ersten Unterrichtseinheit in eine Klassenarbeit integriert war und somit für den Schüler eine größere „Hürde" darstellte.

Item 5: *Durch den Laufzettel wusste ich, was ich lernen kann.*
Der hier zwar nur geringe Unterschied lässt vermuten, dass der eine oder der andere Schüler die oben unter Item 5 beschriebene Thematik erfasst hat. Da ihnen bereits eine Woche zuvor die formulierten Lernhorizonte gegeben waren und sie somit bereits mit einer Differenzierung zwischen „Ich kann Etwas lernen, wenn ich die Aufgabe löse." und dem **„Was** kann ich lernen, wenn ich die Aufgabe löse." konfrontiert wurden.

Item 7: *Durch den Laufzettel wusste ich, was ich noch lernen will.*
Mit dem hier erhaltenen Ergebnis habe ich nicht gerechnet. Ich habe einen größeren Unterschied zwischen beiden Gruppen vermutet. Obwohl dieses Ergebnis nicht meinen Erwartungen entspricht, so ist es doch insgesamt als positiv zu werten. Denn in beiden Fällen waren sich die Schüler bewusst darüber, was sie noch lernen wollen. Ein Erklärungsversuch für den geringen Unterschied zwischen beiden Gruppen findet sich in der Form des Unterrichtsmaterials und der Unterrichtsstruktur. In der zweiten Unterrichtseinheit bekamen die Schüler einen Laufzettel mit nur wenigen Pflichtaufgaben und einer großen Auswahl an Wahlaufgaben. Eine derart große Auswahl an Stationen könnte eine Motivation für die Schüler darstellen. Diese Motivation könnte einerseits dadurch geschaffen werden, dass den Schülern eine gewisse Freiheit in der Wahl der Aufgaben und damit eine Art Selbstbestimmung gewährt wird, andererseits wird diese Idee in der Montessori-Pädagogik vertreten. Diese beschreibt, dass Unterrichtsmaterial, welches nur einmal vorhanden ist und von einem Schüler genutzt wird, das Interesse anderer Schüler weckt und diese sich ebenfalls damit beschäftigen wollen [18].

4.4.3 Interpretation des Schülerkommentars

Der Kommentar bezieht sich eindeutig auf den Laufzettel und beschreibt einen Aspekt der Transparenz. Dieser bezieht sich hier vor allem auf die Transparenz bezüglich der Lernanforderung. Vermutlich, da diese im Schulalltag als benotete Leistungsüberprüfung häufig im Vordergrund steht.

4.4.4 Interpretation der Beobachtung und des Interviews

Bei der Beobachtung von Andreas fiel mir auf, dass er leichter zur Arbeit zu motivieren war, wenn man ihm mittels des Kompetenzrasters verdeutlichte, was er schon alles geschafft hat bzw. schon kann, statt ihn unter Druck zu setzen, indem man ihm sagt, was er noch alles schaffen muss. Hier findet sich ebenfalls ein Hinweis auf die Förderung der Selbstwirksamkeit durch Kompetenzraster. Auch das Lächeln nach einer gelösten Aufgabe verdeutlicht mir, dass ich es mit dieser Methode geschafft habe, ihm seine Erfolge zu verdeutlichen.

Ein Interview beschreibt ein persönliches Frage-Antwort-Gespräch zwischen mindestens zwei Personen. Da an jeder Art der Kommunikation alle vier von Schulz von Thun beschriebenen Ebenen beteiligt sind, ist sowohl die Interpretation der Frage, als auch die der Antwort äußerst subjektiv. Trotzdem erlaube ich mir einige Aussagen zum Thema Kompetenzraster aus dem Interview abzuleiten, wenn diese auch nur auf einen einzelnen Schüler zu beziehen sind.

Aus dem Interview wird deutlich, dass Andreas einem Laufzettel mit einem Kompetenzraster gegenüber einem Laufzettel mit einer reinen Auflistung von Aufgaben den Vorzug gewährt. Weiterhin verdeutlicht die zweite Antwort den positiven Einfluss der „Ich kann"- Formulierung.

Bei den Antworten auf die dritte und die vierte Frage wird deutlich, dass er das Prinzip eines Kompetenzrasters verinnerlicht und eine Selbstwirksamkeit erlebt hat. Dies zeigt, dass ein Kompetenzraster einen Nutzen für die Förderung der Selbstwirksamkeit hat. Der Abschluss des Gespräches bestätigt, dass der Laufzettel mit Kompetenzraster, so wie er von mir gestaltet wurde, bei ihm positiv angekommen ist.

Natürlich ist zu berücksichtigen, dass die Antworten des Schülers von sozialer Erwünschtheit beeinflusst sein können, da das Interview von mir in der Rolle des Lehrers durchgeführt wurde. Weiterhin habe ich mich während der Unterrichtseinheit verstärkt mit Andreas bechäftigt, um seine Arbeit und seine Erfolge mit dem Kompetenzraster zu unterstützen. Dies könnte ihm das Gefühl gegeben haben, etwas Besonderes zu sein und ihn somit in seinem Verhalten im Unterricht und im Interview beeinflusst haben. Ich habe soweit möglich versucht, diesem Einfluss entgegenzuwirken. Einerseits habe ich die Unterrichtsgespräche dezent in den Stundenverlauf integriert und andererseits im Interview eine angenehme und zwanglose Gesprächsatmosphäre geschaffen.

4.4.5 Zusammenfassende Interpretation der Ergebnisse und Analyse der Untersuchung

Zusammenfassend werte ich die erhaltenen Ergebnisse als positiv, obwohl die Aussagekraft dieser Ergebnisse nicht signifikant ist. Denn der Anteil der Prozentpunkte pro Stimme ist auf Grund der kleinen Untersuchungsgruppe sehr groß, so dass eine einzelne Stimme eine starke Veränderung des Ergebnisses hervorrufen kann. Zusätzlich darf man nicht außer Acht lassen, dass obwohl in den Klassen 4b und 4c dasselbe Unterrichtsthema mit dem gleichen Unterrichtsmaterial in derselben Unterrichtsform unterrichtet wurde, jede Lehrkraft ihren eigenen Unterrichtsstil hat und damit der Unterricht nicht eins zu eins vergleichbar ist.

Größere Unterschiede in der Auswertung zwischen den beiden Gruppen wären wünschenswert gewesen, um eine deutlichere Tendenz auszumachen. Diese können jedoch auf der einen Seite auf Grund der Größe der Untersuchungsgruppe nur schwer erreicht werden und auf der anderen Seite nehmen Faktoren wie zum Beispiel die Dauer des Einsatzes von Kompetenzrastern einen Einfluss, sowie die Tatsache, dass die Schüler zum ersten Mal mit dieser Thematik konfrontiert wurden.

Ich vermute, dass sich die Schüler, hätten sie schon des Öfteren und über einen längeren Zeitraum mit Kompetenzrastern gearbeitet, der Bedeutung dieser bewusster gewesen wären und die Fragebögen diesbezüglich kritischer ausgefüllt hätten. Ebenfalls kritischer wäre die Beantwortung der Fragen ausgefallen, wenn ich die Möglichkeit gehabt hätte, sie gezielter in Hinblick auf das Kompetenzraster zu formulieren. Doch dann hätte ich zwei unterschiedliche Fragebogen entwickeln müssen und damit wäre deren Vergleichbarkeit eingeschränkt gewesen. Dass einige Schüler aber dennoch unbewusst das Prinzip eines Kompetenzrasters verinnerlicht haben, zeigt sich beispielsweise im Interview mit Andreas.

In der Auswertung der Umfrage wurde besonders deutlich, dass ein Kompetenzraster transparent macht, was gelernt werden soll (Item 2). So bietet man den Schülern von vornherein einen abgesteckten Lernzielrahmen, in dem sie sich mehr oder weniger frei bewegen können.

Ebenfalls Einfluss nehmend auf die Ergebnisse ist, dass das Kompetenzraster aus unter 3.4.1 genannten Gründen in den Laufzettel eingearbeitet war. Es stellt sich nun also die Frage, ob den Schülern die Bedeutung von Kompetenzrastern erkennbarer gewesen wäre, wenn dieses losgelöst vom Laufzettel zusätzlich hätte ausgefüllt werden müssen.

In der von mir durchgeführten Untersuchung werden nur einige Aspekte bezüglich des Einsatzes von Kompetenzrastern im Unterricht angesprochen und dargelegt. Weiterhin ergeben unterschiedliche Voraussetzungen und Untersuchungsformen unterschiedliche Ergebnisse, so dass die hier durchgeführte Untersuchung für meinen Unterricht in dieser Klasse bedeutende Ergebnisse erbracht hat, die Darlegung der vielfältigen Nutzen und Auswirkungen von Kompetenzrastern jedoch umfangreicherer Studien bedarf.

4.5 Beantwortung der Leitfrage

Worin besteht der Nutzen von Kompetenzrastern beim eigenverantwortlichen Lernen an Stationen?

Hier steht auf der einen Seite der Nutzen des Kompetenzrasters für die Lehrkraft und auf der andern Seite der Nutzen für die Schüler.

Um den Nutzen für die Lehrkraft zu beschreiben, werden hier meine eigenen Erfahrungen einfließen, die ich während der Unterrichtseinheit unter Einsatz eines Kompetenzrasters gemacht habe. Zur Erörterung des Nutzens für die Schüler werden die Ergebnisse der Untersuchung herangezogen.

Bei der Arbeit mit Kompetenzrastern im Unterricht habe ich die Erfahrung gemacht, dass ich bereits bei der Planung eine deutlich bessere Übersicht darüber bekomme, welchen Lernstoff ich vermitteln möchte, bzw. von den Schülern selbst erarbeitet werden soll. Ein Teil dieser Übersicht entsteht bei der Auswahl des inhaltlichen Teils (senkrechte Achse) ein weiterer Teil bei der Zuordnung der Kompetenzen zu den einzelnen Niveaus. Mit diesem Schema im Hinterkopf fiel es mir leichter, den Unterricht strukturiert aufzubauen. Weiterhin war es mir möglich, mir zügig ein Bild vom Lernstand der Schüler zu machen, indem ich einen kurzen Blick auf den ausgefüllten Laufzettel mit integriertem Kompetenzraster geworfen habe. Bestätigen konnte ich dieses Bild durch die Kontrolle der kurzen „Checks", durch die die Schüler das Erlangen von Kompetenzen beweisen konnten.

Auf Seiten der Schüler zeigen sich bei der Analyse der Untersuchungsergebnisse zwei Vorteile. Diese betreffen zum einen die Transparenz des Unterrichts und zum anderen den positiven Einfluss des Kompetenzrasters auf die Motivation der Schüler. Besonders deutlich wird dies bei der Analyse der Ergebnisse des ersten Vergleiches für Item 2 und Item 7.

Als Lehrkraft ist es für mich wünschenswert, dass diese Transparenz den Schülern sowohl mehr Überblick und System beim Erlernen des Unterrichtsinhaltes schafft, als auch ihnen das Gefühl gibt, mehr am Unterrichtsgeschehen und -verlauf teilhaben zu können, da sie von Anfang an abschätzen können, was sie erwartet.

Besondere Bedeutung für mich hat das Ergebnis der Analyse des ersten Vergleichs bezüglich Item 7. Denn die hier angesprochene Motivation ist eine Grundvoraussetzung für das Lernen und der Schlüssel zum Lehren. Nur wenn man die Motivation und das Interesse der Schüler weckt, werden sie dem Unterricht aufmerksam folgen.

Da die am Anfang aufgelisteten Zielvorstellungen und ihr Erreichen, sowohl im Kapitel Darstellung, Evaluation und Analyse der Ergebnisse, als auch in der Beantwortung der Leitfrage bereits ausführlich besprochen wurden, folgt hier der Übersicht halber in tabellarischer Form die erneute Auflistung der Zielvorstellungen, ergänzt durch einen kurzen Kommentar bezüglich des Erreichens dieser.

Zielvorstellung: Der Einsatz des Kompetenzrasters soll:	Kontrolle	Kommentar
• bei den Schülern Transparenz des Lerngegenstandes schaffen.	Fragebogen	erreicht, siehe Auswertung Item 2
• den Schülern die Lernanforderungen darstellen.	Fragebogen	erreicht, siehe Auswertung Item 4 und Schülerkommentar
• den Schülern einen möglichen Lernhorizont darlegen.	Fragebogen	erreicht, siehe Auswertung Item 5
• den Schülern eine Übersicht des Leistungsstandes ermöglichen.	Fragebogen	erreicht, siehe Auswertung Item 6
• dem Lehrer eine Übersicht über den Leistungsstand bieten.	Ergebnisse der Checks, eigene Beobachtungen	erreicht (Auswertung und Dokumentation der „Checks")
• bei den Schülern Motivation schaffen.	Fragebogen, Gezielte Beobachtung eines Schülers, inklusive abschließendes Interview	erreicht, siehe Auswertung Item 7 und Auswertung des Interviews

Trotz der statistischen Hindernisse dieser Auswertung zeigen sowohl meine persönlichen Eindrücke, als auch die der Schüler in Form des Kommentars, des Interviews und der Ergebnisse der Umfrage, den Nutzen des Einsatzes von Kompetenzraster.
Dieser zeigt sich in Aspekten der Motivation, der Selbstwirksamkeit, sowie der Transparenz. Wenn sich dieser Nutzen auch nicht für jeden einzelnen Schüler verdeutlicht, so ist es doch ein positives Ergebnis, wenn der Einsatz von Kompetenzrastern im Unterricht zur individuellen Förderung zumindest einiger Schüler beiträgt.

5. Fazit und Konsequenzen für mein weiteres Arbeiten

„Ich vergleiche nie ein Kind mit einem anderen, sondern immer nur jedes Kind mit ihm selbst." (Johannes Heinrich Pestalozzi)

Dieses Zitat ist für die Arbeit als Lehrer sehr wertvoll. Es sollte jedoch nicht nur auf Kinder bezogen werden, sondern auch die Reflexion des eigenen Arbeitens prägen. Vergleiche ich mich also jetzt mit mir selbst vor dieser Unterrichtseinheit, was hat sich dann für mich ganz persönlich geändert?
Vor Durchführung dieser Unterrichtseinheit habe ich nicht darüber nachgedacht, den Lerngegenstand für Schüler transparenter zu gestalten. Denn auch aus meiner eigenen Schulzeit kenne ich es nicht anders. Der Lehrer hatte immer eine genaue Vorstellung von dem, was wir Schüler können sollten, aber für uns schien es immer ein Geheimnis zu sein.
Doch nach den Erfahrungen, die ich mit gegenteiligem Verhalten gemacht habe, frage ich mich, warum Lerngegenstand und -anforderung nicht häufiger offen dargelegt werden. Wenn man den Schülern aufzeigt, was sie alles lernen können und im Unterrichtsverlauf zusätzlich aufzeigt, was sie von alledem schon gelernt haben, so schafft dies doch mehr Motivation, als würde man ihnen eine Aufgabe nach der anderen vorsetzen. Mir zeigten sich Schülergesichter, die mit Stolz erfüllt waren, wenn sie ein Häkchen machen durften oder wenn sie einen Check zurückbekamen, den sie bestanden hatten. Die positiven Einflüsse zeigten sich auch bei leistungsschwächeren und weniger motivierten Schülern, die sonst eher das vor Augen haben, was sie nicht können. Um diese Momente auch in meinem zukünftigen Unterricht zu sehen, werde ich den Einsatz von Kompetenzrastern weiterführen und die Arbeit damit intensivieren, um die Schüler Selbstwirksamkeit erfahren zu lassen und damit die eigene Persönlichkeit zu stärken.
Bis zu den Sommerferien habe ich es mir zum Ziel gemacht, in jegliche Form der offenen Unterrichtsgestaltung, zum Beispiel Wochenpläne und Stationsarbeiten, ein Kompetenzraster zu integrieren.
Auf lange Sicht könnte ich mir vorstellen in Zusammenarbeit mit Kolleginnen und Kollegen ganze Schuljahre mit Kompetenzrastern zu planen, so dass die Schüler fächerübergreifend an das Arbeiten mit Kompetenzrastern gewohnt sind und lernen, diese für sich selbst sinnvoll einzusetzen.

>> *Ich kann meinen Unterricht mit Kompetenzrastern transparenter gestalten.* <<

6. Literaturverzeichnis

1   Ministerium für Bildung, Frauen und Jugend (Hrsg.) (2002). *Rahmenplan Grundschule. Allgemeine Grundlegung Teilrahmplan Mathematik.* Grünstadt: Sommer Druck.

2   Ministerium für Bildung, Wissenschaft, Forschung und Kultur des Landes Schleswig-Holstein (Hrsg.), (1994). *Lehrplan. Grundschule. Grundlagen.* Schleswig-Holstein.

3   T. Hagener. (2007). *Kompetenzraster- Checklisten- Wochenpläne. Individualisierung und Selbstregulation im Jahrgang 5 einführen.* Aus Pädagogik Heft:07/08. Weinheim: Beltz Verlag. S. 12-17

4   M. Bönsch, H. Kohnen, B. Möllers, G. Müller, W. Nather, A. Schüürmann. (2010). *Kompetenzorientierter Unterricht. Selbstständiges lernen in der Grundschule.* Braunschweig: Westermann Verlags Gruppe

5   A. Müller. (2004). *Erfolg! Was sonst?. Generierendes Lernen anschlussfähig oder: Bausteine für LernCoaching und eine neue Lernkultur.* Bern: h.e.p. Verlag.

6   Institut für Qualitätsentwicklung an Schulen Schleswigholstein.(2011). *Der Vorbereitungsdienst in Schleswigholstein. Informationen für Lehrkräfte im Vorbereitungsdienst.* Kronshagen: Priwitz Druck und Design.

7   G.Haug. (1997). *„Wasser ist nicht immer flüssig!" aus Lernziel : Offener Unterricht Unterrichtsbeispiele aus der Grundschule.* Basel: Beltz Verlag. S.37-50

8   Sekretariat der Ständigen Konferenz der Kultusminister der Länder in der Bundesrepublik Deutschland (Hrsg.), (2005). *Bildungsstandards im Fach Mathematik für den Primarbereich.* München: Wolters Kluwer.

9   http://www.sinus-hamburg.de/index.php?option=com_docman&amp ;task=cat_view&gid=34&Itemid=5 [Stand 04.02.2012]

10 http://bildungsserver.berlin-brandenburg.de/fileadmin/bbb/unterricht/faecher/ naturwissenschaften/mathematik/Begleitheft_Kompetenzraster.pdf [Stand 04.02.2012]

11 http://www.institut beatenberg.ch/seite.php?top_id=3&nav_id= 111&unav_id=34&unav_modul=0 [Stand 04.02.2012]

12 Institut für Qualitätsentwicklung an Schulen Schleswig-Holstein. (2008). *Eingangsphasen an Grundschulen. Individuelle Förderung im Unterricht. Mathematik.* Kronshagen: Priwitz Druck & Design.

13 M. Spitzer. (2007). *Lernen. Gehirnforschung und die Schule des Lebens.* München: Elsevier.

14 H. Radatz, K. Rickmeyer. (1991). *Handbuch für den Geometrieunterricht an Grundschulen.* Hannover: Schroedel Schulbuchverlag GmbH.

15 T. A. Harris. (1997). Ich bin o.k Du bist o.k. Wie wir uns selbst besser verstehen und unsere Einstellung zu anderen verändern können – Eine Einführung in die Transaktionsanalyse.

16 H. Meyer. (2004). *Was ist guter Unterricht?.* Berlin: Cornelsen Verlag.

17 H.-D. Mummendey.(2003). *Die Fragebogenmethode.* Göttingen: Hogrefe-Verlag.

18 M. Montessori. (1992). *Kinder sind anders.* Stuttgart: Ernst Klett Verlag.

7. Eidesstattliche Erklärung

Hiermit versichere ich, dass ich die vorliegende Arbeit selbstständig angefertigt und keine anderen als die angegebenen Hilfsmittel verwendet habe. Wörtlich oder dem Sinn nach aus gedruckten, elektronischen oder anderen Quellen entnommene oder entlehnte Textstellen sind von mir eindeutig als solche gekennzeichnet worden.

Ort _____ Datum _____

8. Anhang

Anhang   I   Laufzettel Geometrie mit Kompetenzraster
Anhang   II Laufzettel Geometrie ohne Kompetenzraster
Anhang   III Laufzettel zur Symmetrie
Anhang   IV Der Fragebogen

Geometrie

In diesen Kästchen ☐ hake ich ab, was ich geschafft habe.
Hast du einen Check ausgefüllt, legst du ihn in die Postablage für Herrn Huhndorf.

	☆	☆☆	☆☆☆	Check
rechter Winkel, senkrechte Linien **Pflichtaufgaben (grün)**	Ich weiß, was ein rechter Winkel ist. Ich weiß, was zueinander senkrecht stehende Linien sind. rechte Winkel falten  ☐	Ich kann rechte Winkel in der Umwelt und in der Mathematik erkennen. Ich kann senkrecht zueinander stehende Linien in der Umwelt und in der Mathematik erkennen. rechte Winkel suchen I ☐ rechte Winkel suchen II ☐	Ich kann rechte Winkel beschreiben. Ich kann senkrecht zueinander stehende Linien beschreiben.	☐
Wahlaufgaben		Gemischt ☐	Der rechte Winkel ☐	
parallele Linien **Pflichtaufgaben (blau)**	Ich weiß, was zueinander parallele Linien sind. parallele Linien falten ☐	Ich kann parallele Linien in der Umwelt und in der Mathematik erkennen. parallele Linien I ☐ parallele Linien II ☐	Ich kann parallele Linien beschreiben.	☐
Wahlaufgaben			Merke! ☐	

Geometrie

In diese Kästchen ☐ hake ich ab, was ich geschafft habe.

	☆	☆☆	☆☆☆
rechter Winkel, senkrechte Linien Pflichtaufgaben (grün)	rechte Winkel falten ☐ 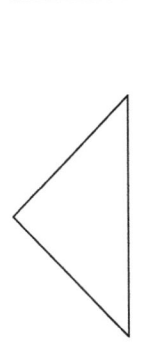	rechte Winkel suchen I ☐ rechte Winkel suchen II ☐	
Wahlaufgaben		Gemischt ☐	Der rechte Winkel ☐
parallele Linien Pflichtaufgaben (blau)	parallele Linien falten ☐	parallele Linien I ☐ parallele Linien II ☐	
Wahlaufgaben			Merke! ☐

Der Laufzettel

Mädchen   Junge

	Ja	Nein
Der Laufzettel hat mich gut auf den geometrischen Teil der Arbeit vorbereitet.		
Durch den Laufzettel war mir klar, was ich lernen sollte.		
Durch die Stationen war mir klar, was ich lernen sollte.		
Durch den Laufzettel wusste ich, was ich für den geometrischen Teil der Arbeit können musste.		
Durch den Laufzettel wusste ich, was ich lernen kann.		
Durch den Laufzettel war mir klar, was ich schon kann.		
Durch den Laufzettel wusste ich, was ich noch lernen will.		

Was mit sonst noch einfällt zu dem Laufzettel:

_____

_____

Der Laufzettel

	Mädchen		Junge
	ja		Nein
Der Laufzettel hat mich gut auf den geometrischen Teil der Arbeit vorbereitet.			
Durch den Laufzettel war mir klar, was ich lernen sollte.			
Durch die Stationen war mir klar, was ich lernen sollte.			
Durch den Laufzettel wusste ich, was ich für den geometrischen Teil der Arbeit können musste.			
Durch den Laufzettel wusste ich, was ich lernen kann.			
Durch den Laufzettel war mir klar, was ich schon kann.			
Durch den Laufzettel wusste ich, was ich noch lernen will.			

Was mit sonst noch einfällt zu dem Laufzettel:

_____

_____